Janika Pätsch

Die Vererbung von Hüftgelenksdysplasie und deren Probleme in der Hundezucht

GRIN Verlag

Bibliografische Information der Deutschen Nationalbibliothek:

Die Deutsche Bibliothek verzeichnet diese Publikation in der Deutschen National-
bibliografie; detaillierte bibliografische Daten sind im Internet über http://dnb.d-
nb.de/ abrufbar.

Impressum:

Copyright © 2015 GRIN Verlag GmbH
Druck und Bindung: Books on Demand GmbH, Norderstedt Germany
ISBN: 978-3-656-97655-4

Dieses Buch bei GRIN:

http://www.grin.com/de/e-book/298884/die-vererbung-von-hueftgelenksdysplasie-
und-deren-probleme-in-der-hundezucht

Humboldt-Gymnasium Eichwalde

Die Vererbung von Hüftgelenksdysplasie und deren Probleme bei der Hundezucht

Von

Janika Pätsch

Schuljahr 2014/15

Fach: Biologie

Klasse: 9

Abgabe: 23.02.2015

Inhaltsverzeichnis

1. Einleitung

In dieser Facharbeit beschäftige ich mich mit dem Thema Hüftgelenksdysplasie. Ich wähle dieses Thema, da es zurzeit eine hohe Aktualität in der Medizin hat und noch sehr viel daran geforscht wird. Die Hüftgelenksdysplasie hat eine große Bedeutung in der Zuchtselektion und ist die bekannteste und häufigste Erkrankung des Skelettes beim Hund.

In dem ersten Kapitel meiner Facharbeit befasse ich mich mit der Definition und mit den Formen von HD. In den Kapiteln 2 und 3 gehe ich auf das Thema der Vererbung von Hüftgelenksdysplasie und auf die Hundezucht ein. Am Ende reiße ich noch einmal das Thema „Therapiemethoden und Vorbeugungsmaßnahmen" an. Außerdem möchte ich zwei Interviews, die ich mit einer Tierärztin und einer Hundezüchterin geführt habe, hier in meiner Facharbeit auswerten.

Zum Schluss möchte ich noch anmerken, das „Hüftgelenksdysplasie" ein umfassendes Thema ist, und ich mich auf die Punkte „Entstehung mit Schwerpunkt Vererbung" und „Hundezucht" spezialisiert habe. Allerdings sind die beide sehr umfassende Themenfelder, weshalb ich leider nicht alles, was vielleicht erwähnenswert ist, näher erläutern kann. Jedoch habe ich versucht, auf das Wichtigste einzugehen, und zu bearbeiten.

2. Allgemein
2.1 Definition

Der Begriff Hüftgelenksdysplasie (HD) setzt sich aus den Worten „Hüftgelenk" und „Dysplasie" (griechisch: dys = schlecht, plasia = Form) zusammen. Dieser Begriff wurde 1954 von SCHNELLE eingeführt. Später hat er dieses Krankheitsbild auch als „kongenitale Subluxation" (angeborene Lockerheit) des Hüftgelenks bezeichnet. Das Hüftgelenk wird aus der Hüftpfanne (Acetabulum) und dem Hüftkopf (Caput femoris) gebildet. Die Hüftpfanne bildet sich aus Anteilen des Darmbeins (Os ilium), des Schambeins (Os pubis) und des Sitzbeines (Os ischii), die „[...]über eine y-förmige Fuge im Bereich des Acetabulum in Verbindung stehen. Der obere Rand der Pfanne ist durch einen knorpeligen Rand, den Limbus acetabuli verstärkt. Der Hüftkopf ist eine in etwa kugelförmige Extremität des Femur, der in die Pfanne drückt und damit eine Verbindung zwischen Bein und Rumpf ermöglicht. Das Hüftgelenk ist somit ein Nussgelenk, das eine Unterform des Kugelgelenks (Articulatio spheroidea) darstellt." ([1] 2.1 Überblick). Dies kann man in der Abb. 1 gut erkennen.

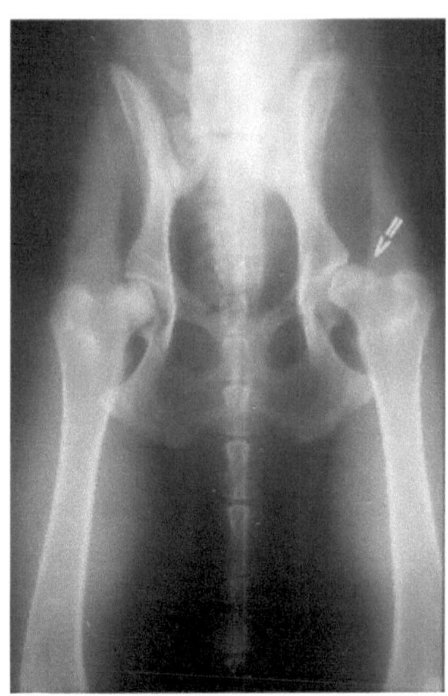

Abb. 1 ([17] „Einseitig ausgebildete Hüftgelenksdysplasie beim Hund (Pfeil)")
Quelle: http://www.mueller-heinsberg.de/assets/images/Abb-4-HD-einseitig.jpg

Liegt nun eine Hüftgelenksdysplasie vor, passt der Hüftkopf nicht mehr korrekt in die Hüftpfanne, wodurch eine Reibung erzeugt wird, was zu einer schmerzhaften Arthrose führen kann.

Diese Erkrankung ist die häufigste orthopädische Erkrankung bei großen Hunden und ist sehr komplex. Die Entstehung kann sowohl durch eine genetische Veranlagung, als auch durch äussere Einflüsse erfolgen. Die Vererbung läuft polygenetisch, das heißt es gibt eine „Beteiligung mehrerer Gene an der Ausbildung einer Eigenschaft" ([2]) Hüftgelenksdysplasie kann sich durch viele verschiedene Symptome bemerkbar machen. Es hängt auch damit zusammen, wie stark ein Hund unter HD leidet. Junge Hunde zeigen häufig Probleme beim Laufen und wollen sich nicht viel bewegen, da es ihnen Schmerzen bereitet. Bei älteren Hunden verstärken sich die Symptome. Der Hund geht instabiler und beim Vorführen der Hinterbeine kippt er das Becken in Richtung der Gliedmaße, die er dann gerade nach vorne stellt. Die Muskeln bilden sich wegen dieses Gangs zurück, weshalb der Hund dann zunehmend mehr Probleme beim Aufstehen bekommt. Außerdem können knirschende oder knackende Geräusche beim Bewegen des Hüftgelenks zu hören sein.

2.2 Formen von HD

Die Hüftgelenksdysplasie kann man in verschiedene Krankheitsstufen unterteilen. Diese werden mit den Buchstaben A-E numeriert.

Tabelle 1 ([3] Prof. Dr. M.Flückiger, S. 1)

HD-Grad	Interpretation	Empfehlung in der Schweiz
A	Keine Hiweise auf HD	zuchttauglich
B	Grenzfall, Übergangsform	zuchttauglich
C	Leichte HD	Nicht zur Zucht empfohlen
D	Mittlere HD	Zuchtsperre
E	Schwere HD	Zuchtsperre

In dieser Tabelle werden die verschiedenen Grade der Hüftgelenksdysplasie dargestellt. In der rechten Spalte wird die Zuchtempfehlungen aus der Schweiz zu jeder Form gezeigt. Diese HD-Grade werden mit dem „Norberg-Winkel" bewertet. „Er ist als der Winkel definiert, der zwischen der Verbindungslinie der Zentren der beiden Oberschenkelköpfe und dem vorderen Pfannenrand abgetragen wird (siehe Abbildung). Bei einem HD-freien Tier sollte er mehr als 105° betragen."([6] „HD-Bewertung")

In den folgenden Abbildungen kann man den Unterschied der einzelnen Grade gut erkennen.

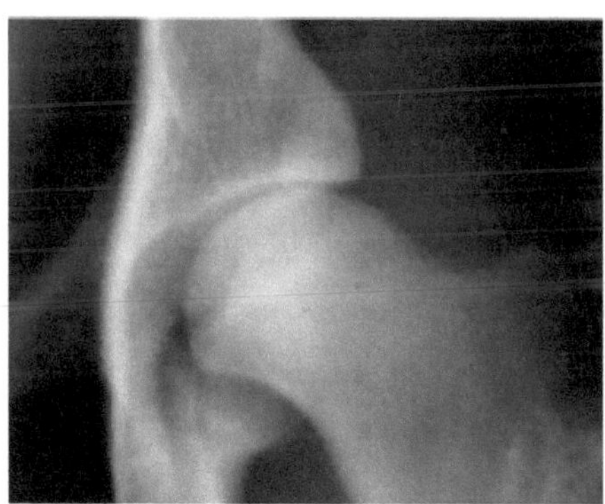

Abb. 2 ([6] „Kein Hinweis für Hüftgelenkdysplasie (HD A)")
Quelle: http://www.vom-lahberg.de/pics/hd/HD_A.jpg

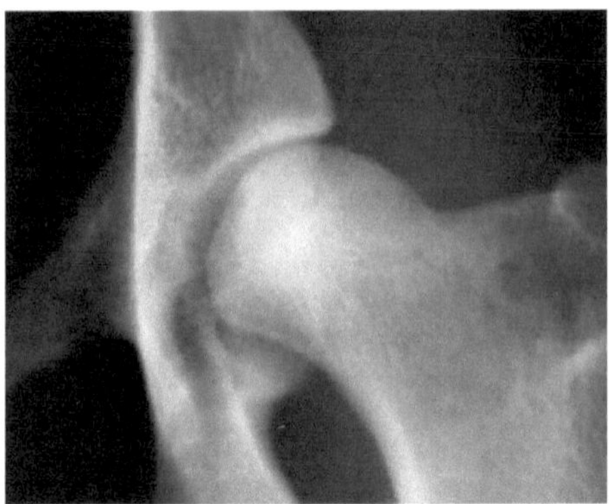

Abb. 3 ([6] „Übergangsform (HD B)") Quelle: http://www.vom-lahberg.de/pics/hd/HD_B.jpg

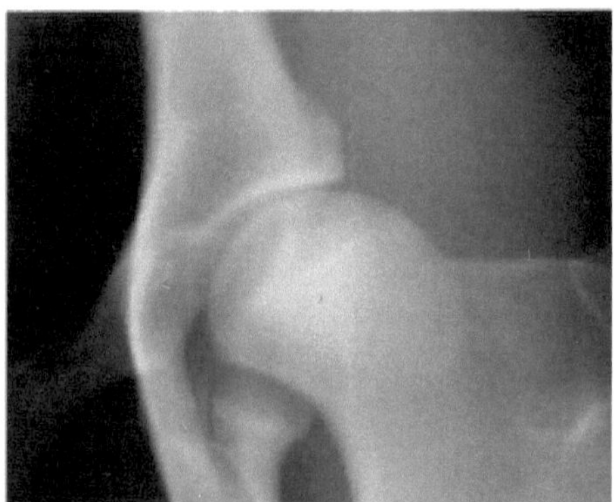

Abb. 4 ([6] „Leichte HD (HD C)") Quelle: http://www.vom-lahberg.de/pics/hd/HD_C.jpg

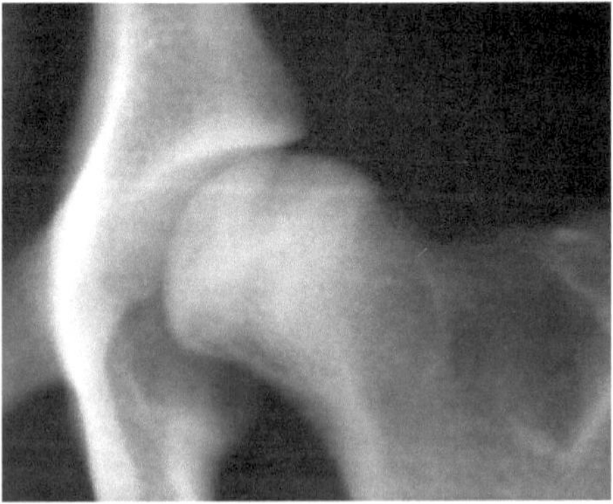

Abb. 5 ([6]"Mittlere HD (HD D)") Quelle: http://www.vom-lahberg.de/pics/hd/HD_D.jpg

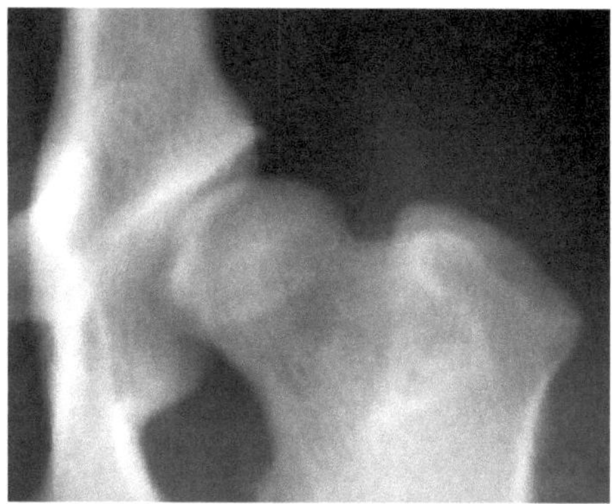

Abb. 6 ([6] „Schwere HD (HD E)") Quelle: http://www.vom-lahberg.de/pics/hd/HD_E.jpg

Verteilung der Grade:

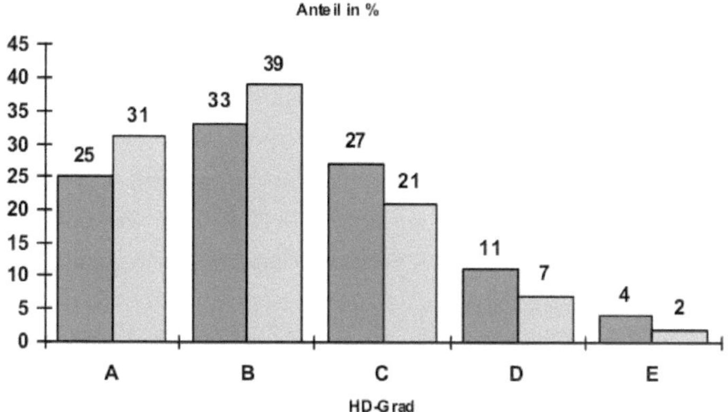

Abb. 7 ([9] Dr. M. Flückiger, Abb. 6 „HD-Verteilung von 3749 Hunden der Jahre 1991-1994 (dunkel) und von 7394 Hunden der Jahre 1995-2000 (hell) in %")

Quelle: http://www.grsk.org/images/inhalte/artikel-hd-abb5.jpg

In dieser Tabelle sieht man die HD-Verteilung von 3749 Hunden in den Jahren 1991-1994 (dunkel) und die von 7394 Hunden in die Jahren 1995-2000 (hell) in % ausgedrückt. Dabei trat HD bei Rüden und Hündinnen gleich häufig auf, woraus man den Schluss ziehen kann, dass diese Erkrankung nicht geschlechtsbedingt ist. Ein Viertel der untersuchten Hunde wurde als HD-frei, und ein Drittel als Übergangsform erklärt, womit ungefähr 60% aller untersuchten Hunde auch zur Zucht geeignet wären. Ungefähr ein Viertel wurde als leicht dysplastisch (Rang-

C) erklärt und sind somit schon nicht mehr geeignet. Ungefähr jeder 7. Hund fiel sogar in die Kategorie D oder E, womit sie gänzlich von der Zucht ausgeschlossen wurden.

Allerdings zeigt die Studie auf, das die Anzahl der HD-erkrankten Hunde in den Jahren 1995-2000 deutlich zurückgegangen ist. Rund 70% der untersuchten Hunde konnten zur Zucht empfohlen werden, und nur noch jeder 11. Hund litt unter einer HD mit der Kategorie D oder E. Dies ist zwar immer noch zuviel, aber man kann sehen, das die Bemühungen der Züchter nicht umsonst waren.

3.   Entstehung mit Schwerpunkt Vererbung

3.1 Voraussetzungen und Regeln bei der Vererbung

Wie ich in der Definition schon erläutert habe, wird Hüftgelenksdysplasie polygenetisch vererbt, was bedeutet, das mehrere Gene für die Vererbung verantwortlich sind. „Ging man in früheren Vererbungsmodellen davon aus, dass sehr viele Gene an der Vererbung der HD beteiligt sind, wobei jedes einzelne Gen nur geringe Wirkung hat, gelang Prof. Dr. Otmar Distl vom Institut für Tierzucht an der Tierärztlichen Hochschule Hannover erstmals der Nachweis beim Deutschen Schäferhund, dass ein dominantes Hauptgen neben weiteren polygenen Komponenten für die HD verantwortlich ist."([5])Dieses Hauptgen hat einen großen Einfluss. Dadurch kann man auch das Phänomen erklären, dass in einem Wurf verschiedene Grade festgestellt werden, oder dass ein Welpe auch HD-frei zur Welt kommen kann, obwohl die anderen an HD erkrankt sind.

Für die Vererbung sind die sogennanten Plus-Allele verantwortlich. Diese begünstigen den HD-Efekt. Die Null-Allele bewirken die Gesundheit. Wenn ein Hund kein Plus-Allel vererbt bekommt, kann er es auch nicht weitervererben. Wenn aber ein Hund ein Plus-Allel in sich trägt, muss er nicht zwangsläufig phänotypisch krank sein, kann aber dieses Plus-Allel an seine Nachkommen weitervererben, so dass diese erkranken können. Dadurch ist dieser Hund genotypisch krank. HD kann erst vererbt werden, wenn mehrere rezessive Genpaare vorhanden sind.

Beispiel: „Beide Elternteile sind HD-frei geröngt, allerdings hat ein Elternteil eine Plus-Allele in sich. Wenn man jetzt annimmt, das sich 50 gesunde Gene (Null-Allele), und 50 kranke Gene (Plus-Allele) vermischen, so wird mit großer Wahrscheinlichkeit die HD vererbt werden.

Man sollte niemals davon ausgehen, das nur gesunde Gene vererbt werden, denn das kann man nie wissen und liegt in der Sache der Natur. Dadurch können auch HD-kranke und HD-freie Welpen in einem Wurf zur Welt kommen. Um genetisch gesunde Hunde zu züchten, benötigt man daher die Informationen der Vorfahren, Geschwister und Verwandten der Zuchttiere." ([6] „Eine Beispielverpaarung")

3.2 Wahrscheinlichkeit der Vererbung

Zu der Wahrscheinlichkeit der Vererbung von HD gibt es bis jetzt nur Theorien und Schätzwerte. Man kann allerdings davon ausgehen, das Hüftgelenksdysplasie selten so vererbt wird, das ein Welpe schon bei seiner Geburt Anzeichen der Krankheit aufweist. Wie viele Gene für die Vererbung verantwortlich sind weiß man nicht, aber man geht so von 10-20 aus.. Aber erst wenn eine bestimmte Anzahl von Genpaaren reinerbig („Merkmalpositiv") sind, können sich bei dem Welpen erste Anzeichen von HD bemerkbar machen.

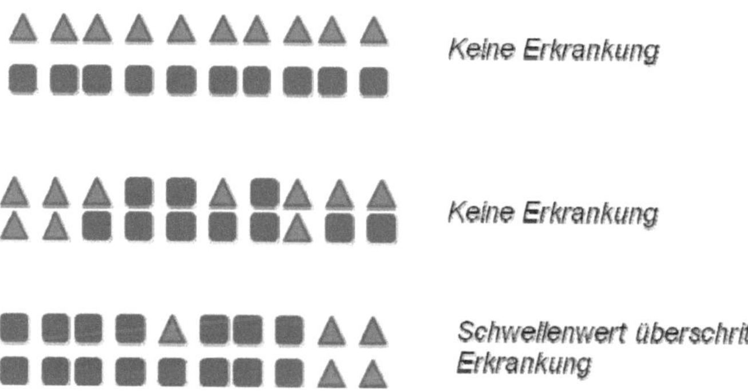

Abb. 8 ([17] „Funktionsweise einer polygenen Vererbung am Beispiel HD")
Quelle: http://www.abcdev.de/artikel/Grundkurs_Genetik_Bilder/image005.gif

In dieser Abbildung sieht man im ersten Teil die fiktive Genanordnung eines Hundes, der von dem einen Elternteil ausschließlich dominante (Dreiecke) und vom anderen rezessive Gene (Quadrat) vererbt bekommen hat. In diesem Fall wäre der Hund gesund, da die dominanten Gene in jedem einzelnen Fall stärker wären als die rezessiven Gene. Allerdings wäre eine Zucht mit diesem Hund durch die hohe Anzahl der rezessiven Gene trotzdem problematisch. Dieser Hund wäre zwar phänotypisch gesund, aber trotzdem genotypisch krank.

In dem mittleren Teil sieht man drei reinerbig rezessive Genpaare, einige Gemischte und einige dominante. Allerdings sind die 3 rezessiven Genpaare zu wenig um den Schwellenwert zu überschreiten, weswegen der Hund trotz der Paare gesund ist. Im unteren Teil hat der Hund 7 rezessive Genpaare vererbt bekommen und hat damit den Schwellenwert überschritten. Damit ist er auch phänotypisch krank.

Daraus kann man schließen, das, „Erst wenn ein bestimmter Schwellenwert in der Anzahl der reinerbig vorliegenden Gene für ein polygenes Merkmal erreicht ist, beginnt die entsprechende Krankheit sich auszuprägen: Der Hund hat HD." ([7] „polygene Vererbung")
Der Schwellenwert bei HD liegt ungefähr bei 6 rezessiven Genpaaren. Aktuellen Schätzungen zufolge hat HD allerdings eine reltaiv große Spanne bei der Erblichkeit (Heritabilität); sie liegt bei ca. 10-60%. Der durchschnittliche Schätzwert liegt zwische 20 und 30%. Das ist eine relativ geringe Heritabilität. Demzufolge, spielen die äußeren Einflüsse auch eine große Rolle.

3.3 Die äußeren Einflüsse

Ein Hund kann HD auf verschiedene Weisen bekommen. Die Vererbung spielt zwar die größte Rolle dabei, allerdings werden die Hunde mit einer angeborenen Lockerheit geboren und neigen demnach nur zur HD-Erkrankung. Hunde, die genotypisch gesund sind, können phänotypisch allerdings auch erkranken. Das liegt an diversen äußeren Einflüssen. Hier ein paar typische Beispiele

- Falsche Fütterung

Bei großen Hunderassen, die sehr energiereiches Futter mit Vitamin C-, Vitamin D- oder Kalzium-Zusätzen gefüttert bekommen, wächst das Skelett viel schneller und sie bekommen dadurch einen instabileren Körperbau. Dies kann ebenso passieren, wenn man den Hunden zu lange Welpenfutter gibt, da dies auch das Wachstum anregt. Desweiteren führt Übergewicht auch leicht dazu bei, das ein Hund an HD erkrankt, da die Gelenke dann zu stark belastet werden. Solche Hunde bilden oft schwerere Formen von HD aus.

- Falsche Bewegung

Bei Welpen muss man sehr aufpassen mit der Bewegung, da zu viel Bewegung sehr HD-fördernd ist. Wenn sie zuviel Bewegung haben oder viel Treppensteigen, lange Spaziergänge oder zu oft apportieren, geht diese schwere Belastung auf Dauer auf die noch wachsenden Gelenke und behindert das ordentliche Wachstum.

Hunde mit einem hohen Alter sind allerdings auch anfällig für HD, weshalb man da auch aufpassen muss. Vor allem bei sehr große Hunderassen fördert das Alter auch die HD. Man muss also sowohl im Welpenalter, als auch im hohem Alter von Hunden auf Ernährung, Haltung, Umweltbedingungen und Bewegung achten.

4. Hundezucht

4.1 Definition Zucht und Hundezucht im Allgemeinen

Zucht ist ein Begriff, den man nicht klar in ein Themenfeld zuordnen kann, da er vieles bedeuten kann. In der Tierwelt allerdings wird es im Tierschutzgesetz so definiert:

„Zucht: vom Menschen kontrollierte Fortpflanzung von Tieren durch gemeinsames Halten geschlechtsreifer Tiere verschiedenen Geschlechts, gezielte Anpaarung oder das Heranziehen eines bestimmten Tieres zum Decken oder durch Anwendung anderer Techniken der Reproduktionsmedizin."([8] „Bundesgesetz, mit dem das Tierschutzgesetz geändert wird")
Es gibt verschiedene Zuchtverfahren.

4.1.1   Reinzucht

In der Reinzucht werden Tiere gepaart, die der gleichen Rasse angehören. Dabei wird weniger auf die Blutsbande, sondern eher auf die äußeren Merkmale wie Körberbau geachtet. Bei dieser Zuchtvariante zeigen sich auch Merkmale, welche bei den Elterntieren nicht erkennbar waren. Diese Merkmale stammen von den Vorfahren und sind rezessiv an die Elternteile vererbt worden.

4.1.2   Inzucht

In diesem Zuchtverfahren werden Hunde gepaart, die miteinander verwandt sind. Je nach Verwandtschaftsgrad gibt es verschiedene Arten von Inzucht.

- Enge Inzucht

Dabei verpaart man Onkel und Nichte, Neffe und Tante oder Base und Vetter. Hierbei festigen sich sowohl die gewollten, als auch die ungewollten Erbmerkmale hervorragend.

- Inzestzucht

Hierbei paart man Geschwister, Eltern und Kinder oder Großeltern und Enkel. Diese Zucht ist allerdings nur erfahrenden Züchtern zu empfehlen, die bestimmte Erbanlagen festigen wollen.

- Weite Inzucht

Bei diesem Zuchtverfahren paart man Blutsverwandte der 5. Generation. Wenn in einer Paarung außer Blutsverwandte 5. Grades keine weiteren Inzuchtlinien vorkommen, spricht man schon von der Reinzucht.

- Zwischenzucht

Hier führt man in eine gefestigte Blutlinie fremdes Blut hinzu. Diese fremde Blutlinie weist dann in der Regel Erbmerkmale auf, die in dieser gefestigten Blutline fehlen.

Mit diesem Verfahren bezweckt man die Festigung der Erbanlagen. Je mehr gleichartige Erbanlagen vererbt werden, desto mehr verfestigen sich diese. Allerdings festigen sich nicht nur gewollte, sondern auch ungewollte Erbmerkmale, da viele Gene rezessiv vererbt werden, und damit äußerlich nicht zwingend in Erscheinung treten. Deshalb sollte man auch immer den Stammbaum und die Informationen über die Vorfahren des Zuchttieres einsehen.

<u>4.1.3   Kreuzung</u>

Bei der Kreuzung werden zwei unterschiedliche Rassen miteinander verpaart, um bestimmte Merkmale einfließen zu lassen oder um sogar eine neue Rasse zu züchten. Außerdem wird dieses Zuchtverfahren auch benutzt, um in Rassen bestimmte Merkmale zu verändern.

Beispiel: Retro Mops

Der Mops ist eine kleine Rasse mit einem sehr treuem und verschmusten Wesen. Er ist aktiv, lebhaft, sportlich und sehr anhänglich. Diese Rasse wurde so gezüchtet, das die Nase immer kürzer wurde, was allerdings zufolge hatte, das die Hunde zu wenig Luft bekommen, da ihre Nasenlöcher zu klein sind und die Nase zu kurz ist. Damit haben die Nasenmuscheln, die sich nicht ausreichend mit verkleinert haben, nicht mehr genügend Platz. Die Augen sind ebenfalls so gezüchtet worden, das sie hervortreten und von deutlichen Gesichtsfalten umgeben sind, was ein erhöhtes Risiko einer Augenentzündung mit sich trägt, da vortretende Haare der Hautfalten die Hornhaut reizen. Außerdem ist das Gaumensegel bei einem echten Mops meist zu lang. Das behindert die Atmung stark und kann auch zu Störungen beim Schlucken führen. Viele Möpse leiden daher permanent unter Atemnot. Die Beine sind krumm und ziemlich kurz. Deshalb neigen sie zu HD und Fehlbildungen. Da dies aber eine Qualzucht ist, haben es sich einige Züchter zur Aufgabe gemacht, diese Rasse zu verändern. Sie haben die Möpse mit Parson Russel Terriern gekreuzt und damit bewirkt, das die Nase um ein paar Millimeter länger wurde und das Gaumensegel sich etwas verkürzte. Die Beine sind etwas länger als beim normalen Mops. Dadurch haben diese Tiere eine freie Atmung, bessere eingebettete Augen und sind insgesamt leistungsfähiger. Das Wesen bei dieser neuen Rasse hat sich nicht viel verändert, diese Rasse ist nur insgesamt ausgeglichener und ruhiger, aber trotzdem fidel. Diese neu gezüchtete Rasse nennt man Retro Mops.

4.2 Hunde mit HD-Befall in der Zuchtselektion

HD stellt in der Hundezucht ein sehr großes Problem dar. Da es vererblich ist, sind Hunde mit leichter, mittlerer und schwerer HD in den meisten Zuchtvereinen nicht zur Zucht zugelassen. Dies war nicht immer so. Als Hüftgelenksdysplasie gerade anfing sich auszubreiten, wusste man nicht, welche Ursachen es dafür geben könnte. Die Züchter züchteten auch mit Tieren, die sogar unter einer schweren HD litten. Später wurde dann eine Studie gemacht, wo sich herausstellte, dass HD auch erblich bedingt ist. Seitdem versucht man HD einzudämmen. Da man allerdings auch in den Zuchten viele Fehler gemacht hat, wie zum Beispiel bei dem west-lichen Schäferhund. „In der Tat wurden im SV viele schwarz-braune und schwarz-rote Schäferhunde extrem überzüchtet mit Übertypisierung bis hin zum so genannten ,Hyänen-hund'. Übergroße Rüden und Hündinnen mit deformierter Wirbelsäule und sonstigen dege-nerativ veränderten Skelettteilen erhielten bei der Hauptzuchtschau das Prädikat ,V- Auslese'. "([12] „Die Anatomie des Hundes beeinflusst sein Wesen!") Dadurch wurde natürlich HD extrem gefördert. Allerdings hat man es durch eine Zuchtselektion geschafft, diesen Haltungsfehler wieder rauszuzüchten, indem man diese Rasse mit anderen Schäferhundrassen und generell anderen Rassen gekreuzt hat. Diese Methode war auch sehr erfolgreich, weshalb der Schäferhund nicht mehr die Hunderasse, die am meisten betroffen ist. In den Jahren 1991-1994 lag der Schäferhund noch auf Platz 1. Dies kann man im folgendem Diagramm erkennen. Darin sind die, in diesen Jahren, 10 Rassen mit den häufigsten HD-Befunden verzeichnet.

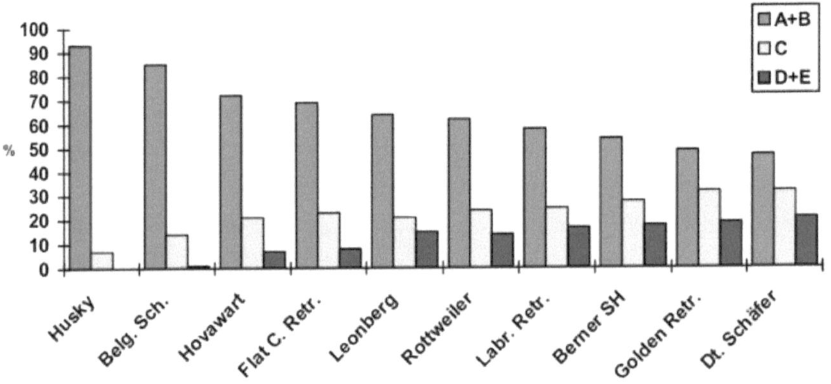

Abb. 9 ([9] Dr. M. Flückiger, Abb. 7 „HD-Verteilung in % in den 10 häufigsten Rassen (1991-1994)")

Quelle: http://www.grsk.org/images/inhalte/artikel-hd-abb6.jpg

Heute ist die Anzahl der erkrankten Schäferhunde drastisch gesunken. Dies beweist die HD-Statistik der Orthopädischen Gesellschaft für Tiere (OFA) in den USA. Demnach liegt der Schäferhund mit ca. 19% der Rasse Schäferhund betroffenen Hunden auf Platz 40. Auf Platz 1 liegt zur Zeit mit 71,6 % die englische Bulldogge, gefolgt vom Mops mit 68,1%.

5. Therapie- und Vorbeugungsmethoden

Nach der Diagnose stehen dem Tierarzt verschiedene Therapiemethoden zur Auswahl. Welche er und der Besitzer auswählen variiert je nach Alter, Gewicht, Größe und Beschwerden. Bis jetzt ist allerdings eine komplette Heilung von HD nicht möglich und es gibt keine Behandlung die es ganz vermeiden kann, das durch die Hüftgelenksdysplasie ein Gelenkverschleiß entstehen kann. Trotzdem gibt es verschiedene gute Therapien die das Risiko senken können:

5.1 Konversative Behandlung:

Diese Methode wird am häufigsten benutzt. Dabei wird HD konversativ (nicht operativ) behandelt. Hierbei wird mit einer „multimodalen Schmerztherapie" gearbeitet. Dabei ist es das Ziel, die Schmerzen und Entzündungen zu kontrollieren und die Gelenke beweglich zu halten um weitere Verschlechterungen zu vermeiden. Dabei wird dem Hund ein Schmerzmittel gegeben und unter der Schmerzmittel-Gabe versucht, den Hund zu bewegen um seine Muskeln wieder aufzubauen. Außerdem ist es auch empfehlenswert, bei übergewichtigen Hunden das Gewicht zu reduzieren, damit die Gelenke entlastet werden. Zusätzlich wäre eine Physiotherapie ratsam, um die Muskeln und Gelenke zu stärken.

Die Bewegung sollte dosiert werden, da die Belastung der Gelenke möglichst gering gehalten werden soll. Sowas wie joggen oder fahrradfahren mit dem Hund ist nicht ratsam. Außerdem sollten übergewichtige Hunde eine Diät machen. Ein knorpelschützendes Ergänzungsfuttermittel kann ebenfalls von Vorteil sein. Dies wird aus Muscheln oder Tierknochen gewonnen.

Außerdem wäre auch Aquajogging für solche Hunde ratsam, falls ihre Hüftgelenksdysplasie noch nicht zu weit fortgeschritten ist.

5.2 Chirugische Behandlung:

Es gibt viele verschiedene Operationen, die bei Hüftgelenksdysplasie helfen könnten. Zum Beispiel gibt es die Pectineus-Myoektomie. Dabei wird der Pectineus-Muskel, ein Muskel, der das Hüftgelenk beugt, durchtrennt. Dies soll bewirken, dass das Hüftgelenk besser schließt. Eine andere Methode ist die PIN-Methode. Hierbei werden die schmerzleitenden Bahnen an der Gelenkkapsel durchtrennt.

Ein anderer Ansatz sind Operationen, die die Grundsituation verndern sollen, wie zum Beispiel bei der Triple pelvic osteotomie (TPO), wo die Gelenkpfanne aus ihrer ursprünglichen Lage so versetzt wird, das sie den Oberschenkelkopf besser umfassen kann. Dies wird ermöglicht, indem man alle drei Knochen des Beckens durchtrennt und wieder zusammenfügt. Es gibt noch viele andere chirugische Eingriffe, die helfen können, bis hin zum kompletten künstlichen Hüftgelenk

5.3 Alternative Behandlung:

Alternative Methoden sind zum Beispiel die Neuraltherapie und die Goldimplantation. Bei der Neuraltherapie werden die schmerzenden Stellen örtlich betäubt. Diese Wirkung soll länger andauern als Schmerzmittel. Die Goldimplantation wird auch Goldakupunktur genannt. Dabei wird dem Hund unter Narkose etwa 1 mm große Goldkugeln in das Gelenk oder in die Muskulatur verpflanzt. Diese sollen eine Dauerakupunktur bewirken und so die Schmerzleitung verhindern.

Wenn ein Hund keine Hüftgelenksdysplasie hat, kann man sich nicht sicher sein, oder der Hund doch nicht später eine bekommt. Dagegen vorzubeugen ist allerdings schwierig und nur bedingt möglich. Experten haben rausgefunden, das großwüchsige junge Hunde, die in ihrer Wachstumsphase energiereiches Futter mit Vitamin C-, Vitamin D-, oder auch Kalziumzusätze bekommen haben, später schwerere Formen von HD ausbilden können. Ebenso gilt es bei

Welpenfutter, was das Wachstum anregt. Deshalb wäre es ratsam, auf das Futter zu achten. Ebenso wäre es empfehlenswert, junge Hunde nicht zu sehr zu belasten.

Eine Physiotherapie kann ebenso vorbeugend, als auch unterstützend sein, da die Muskeln dabei gut trainiert werden und somit das Gelenk besser schont. Ein vielversprechendes Verfahren, um HD genotypisch an einem Hund festzustellen, wurde vor kurzem in der Tierärztlichen Hochschule Hannover entwickelt." Dabei wird anhand so genannter **genetischer Marker** der Zuchtwert des Einzeltieres berechnet. 17 verschiedene Markergene werden dafür aus einer Blutprobe des Hundes isoliert. Die Wahrscheinlichkeit für das Auftreten und damit auch für die Vererbung der Hüftgelenksdysplasie wird anhand der Anzahl und der Art dieser Marker berechnet" ([19] "Zuchtselektion") Diese Methode verringert die Wahrscheinlichkeit, dass Hunde, die nur genotypisch krank sind, in die Zucht aufgenommen werden, und somit die Gene weitervererben. Das würde vorbeugend gegen die Ausbreitung von HD wirken.

6. Interviews mit Auswertung

Ich habe ein Interview mit einigen Fachleuten geführt, was ich hier in der Arbeit gerne auswerten möchte. Diese Leute waren Frau L. und Frau Dr. P. Frau L. ist eine private Shih Tzu-Züchterin und Fr. Dr. P. ist Tierärztin.

1. Was halten sie von den neuesten Forschungen nach dem zufolge das Röntgen nur wenig bringt um herauszufinden ob ein Hund HD hat und warum?

Frau Dr. P.:
„Röntgen hat in diesem Fall einige Nachteile. HD ist eine progrediente Erkrankung. Sie verschlimmert sich bei älteren Tieren oder tritt erst im höheren Alter auf. Die „offiziellen" HD-Aufnahmen für die Zucht werden aber nur an Jungtieren vorgenommen und später nicht mehr wiederholt. Außerdem besteht keine lineare Abhängigkeit zwischen röntgenologischen Veränderungen und klinischen Symptomen, das heißt, ein Tier mit geringen Veränderungen kann deutlich mehr Symptome zeigen, wie zum Beispiel Lahmheit oder Schmerzen, als ein Tier mit stärkeren Veränderungen. Richtiges HD-Röntgen muss unter Narkose durchgeführt werden, weil die Hüfte beim wachen Tier nicht ausreichend durchleuchtet werden kann, um die Hüfte optimal beurteilen zu können. Es besteht immer das Narkoserisiko. Zusätzlich erfordert die Beurteilung eines HD-Bildes für die Zuchtselektion eine große Erfahrung. Das alleinige Röntgen ist also keine besonders sichere Möglichkeit um HD zu beurteilen. Man kann bestimmt auffällige

Jungtiere so besser herausfinden und diese sollten auch nicht zur Zucht zugelassen werden. Für leichtere Fälle oder später auftretende HD ist das aber suboptimal. Sinnvoll wäre bestimmt eine Kombination aus Gentest und Röntgenbild, da dadurch sowohl die genetische Veranlagung als auch erste Auffälligkeiten in Röntgenbildern die Zuchtauswahl positiv beeinflussen können."

Frau L.:

„Ich finde, das die Röntgenmethode nach wie vor die sicherste und wichtigste Methode ist, um bei Jungtieren HD festzustellen. Allerdings spielen die äußeren Einflüsse bei der Erkrankung auch eine große Rolle. Darauf sollte man auch achten. Bei Hunden, die zum Beispiel Übergewicht haben, ist die Gefahr der Erkrankung groß, und diese sollten auch nicht zur Zucht zugelassen werden. Wichtig ist, das in Richtung HD selektiert wird. Die Röntgenmethode ist trotzdem eine sehr sichere Methode, die jeder Hundebesitzer machen sollte."

2. *Wie schätzen sie die Wahrscheinlichkeit ein, das bei ein Hund, der unter HD leidet, durch eine Therapie langzeitige Verbesserungen herbeigeführt werden?*

Frau Dr. P.:

„Ein an HD erkrankter Hund hat eine chronische, nicht heilbare Krankheit. Man kann über Schmerzmittel, Entzündungshemmer, Physiotherapie und teilweise Gewichtsreduktion eine deutliche Verbesserung der Symptomatik und Lebensqualität erreichen, aber keine Heilung. Zudem sprechen die Hunde auch sehr unterschiedlich auf Therapie an. Einige sind mit geringer Therapie weitgehend beschwerdefrei, andere können trotz ausgeschöpfter Schmerztherapie kaum laufen. Auch operative Maßnahmen bringen nur bei einigen Tieren eine deutliche Verbesserung."

Frau L.:

„Therapien können bei einem Hund anschlagen, müssen aber nicht. Allerdings kann diese Krankheit auch nur gelindert, und nicht geheilt werden. Viele der Therapien führen auch nur eine kurzfristige Linderung mit sich. Trotzdem kann man durch bestimmte Langzeittherapien wie Physiotherapie, oder operative Eingriffe die Schmerzen lindern und eine Verbesserung hervorrufen."

3. Wie Kann man ihrer Meinung nach HD am besten vorbeugen?

Frau Dr. P.:

„Die wichtigste Maßnahme ist die Zuchtselektion. Nur gesunde Tiere sollten zur Zucht zugelassen werden. Eine spätere Kontrolle der Eltern und Großeltern für die Zuchtauswahl der Jungtiere wäre sinnvoll. Außerdem sollten HD.fördernde körperliche Merkmale nicht als besonders gut bei Zuchtschauen bewertet werden, wie zum Beispiel eine abfallende Rückenlinie beim Schäferhund oder Dobermann. Außerdem sollten die neuen Besitzer intensiv über optimale Welpen- und Jungtierfütterung sowie schonende Bewegung in der Wachstumsphase aufgeklärt werden."

Frau L.:

„Sehr wichtig ist die artgerechte Haltung, um HD vorzubeugen. Bei der Ernährung und beim Gewicht sollte man sehr aufpassen und sich aufklären. Außerdem sollten Welpen in der Entwicklungsphase nicht überstrapaziert werden. Bei großen Hunden ist es wichtig, das sie ausreichend und vor allem sinnvoll bewegt werden."

4. Wie hoch meinen sie ist die gefahr, das ein Hund, der als Welpe HD-frei geröngt wurde,
   dennoch HD kriegt?

Frau Dr. P.:

„Jedes ältere Tier kann Hüftprobleme entwickeln. Das muss aber nicht unter dem Decknamen HD laufen, sondern auch einfach über Arthrose im Hüftgelenk entstanden sein. Die Abgrenzung ist dort nicht möglich. Allerdings kann man sagen, das eine zu weite Gelenkkapsel natürlich eine spätere Arthrose fördert. Aber auch Überlastung, Übergewicht oder Traumaten können zu Arthrosen führen."

Frau L.:

„Jeder Hund kann HD kriegen. Mit höherem Alter steigt auch das Risiko. Dagegen vorgehen kann man natürlich mit der Haltung, Bewegung und Ernährung, aber das Risiko ist eigentlich immer da."

5.   Ist es möglich eine vollkommen HD-freie Zucht aufzustellen?

Frau Dr. P.:

„Wie ich schon gesagt habe ist in vielen Fällen der Übergang zwischen HD und Arthrose fließend. Viele Rassen werden alleine aufgrund des Körperbaus oder der Größe im Alter Hüftprobleme bekommen. Aber durch gute Zuchtselektion kann man viele fördernde Faktoren eliminieren und die neueren Erkenntnisse in der Vererbung dieser Erkrankung können ein großes Potential für Verbesserungen in sich tragen."

Frau L.:

„Ja man kann definitiv eine HD-freie Zucht aufstellen, sofern man eine gute Selektion durchführt. Möglichkeiten um so eine Zucht zu ermöglichen wären zum Beispiel den Bestand auszutauschen und die Zuchttiere stärker zu kontrollieren, aber ich denke das es möglich ist."

Wie man sehen kann, unterscheiden sich Die Aussagen in manchen Punkten, gleichen sich aber auch. Bei der ersten Frage zum Beispiel, meint Frau Lenz, das diese Methode die wichtigste ist und auch bestimmt bleiben wird, während Frau Dr. Pätsch als Tierärztin sagt, dass diese Methode unzureichend ist und nicht viel bringt, da diese Methode nur an Welpen durchgeführt wird. In der zweiten Frage gleichen sich die Antworten. Beide sagen, des HD zwar nicht geheilt werden kann, aber das man durch Therapie Linderungen und Verbesserungen hervorrufen kann. Ebenso ist es in Frage 3, wo Frau Lenz allerdings mehr in Richtung Haltung geht, während Frau Dr. Pätsch sich eher auf die Zuchtselektion beschränkt.
In Frage 4 erläutert Frau Dr. Pätsch die Probleme im Alter und die Arthrose. Frau Lenz geht wieder auf die Haltung ein, die eine große Rolle spielt. In der Abschlussfrage unterscheiden sich die Aussagen der beiden Befragten. Frau Dr. Pätsch meint, dass eine HD- freie Zucht nicht möglich ist, obwohl man mit neuen Selektionsmethoden die Frequenz noch deutlich senken kann, während sich Frau Lenz sicher ist, das dieses Ziel durch eine gute Zuchtselektion zu erreichen ist.

7. Schluss

In dieser Facharbeit wollte ich das Thema „Vererbung der Hüftgelenksdysplasie und deren Probleme in der Hundezucht" anhand von Beispielen, Zitaten und meiner eigenen Meinung darstellen. Ich habe mich speziell mit den Themen Vererbung und Zucht befasst und auch viel Material darüber gefunden. Speziell zu der Vererbung gab es viele Quellen. Allerdings war es schwer diese Materialien einzubauen und vieles von meinen Quellen waren wissenschaftliche Arbeiten und Studien. Das Thema finde ich persönlich sehr spannend und es hat einen aktuellen Bezug auf die Situationen in den Zuchten. Es wurden hinsichtlich der Vererbung auch viele Fortschritte erzielt, und ich meine, dass man in Zukunft davon profitieren wird. Zum Schluss möchte ich nochmal anmerken, dass es viel zu diesem Thema gibt, speziell zu der Vererbung, aber dass ich einige Sachen rausgekürzt habe und ich mich nur auf das Wichtigste beschränkt habe. Ich finde, das HD in der Zucht noch ein großes Problem ist, dass es allerdings auch schon große Fortschritte zu verzeichnen gibt. Durch gute Zuchtselektionen, glaube ich, werden weitere Erfolge in der Bekämpfung dieser Krankheit nicht ausbleiben. Dieses Thema ist sehr umfassend und es gibt viele Bereiche, die sehr facettenreich sind. Die Zucht und die Vererbung sind nur 2 der vielen Themen rund um die Hüftgelenksdysplasie.

8. Literaturverzeichnis

1. DocCheck Flexikon: „Hüftgelenk".
URL: http://flexikon.doccheck.com/de/H%C3%BCftgelenk [Stand: 06.02.2015]

2. hessenweb.de: „polygenetisch".
URL: http://hessenweb.de/?id=lexikon&term=1927 [Stand: 06.02.2015]

3. Prof. Dr. Flückiger, Mark. „Hüftgelenksdysplasie bei Zuchthunden-Sind ihre Nachkommen HD-gefährdet?". In: Gesellschaft zur Förderung kynologischer Forschung e.V. „GKF-aktuell. Beilage für wissenschaftliche Kynologie"

4. Prof. Dr. Distl, O. Dr. Stock, K, F. Dr. Marschall, Y: „Molekulargenetische Aufklärung der Hüftgelenkdysplasie beim Deutschen Schäferhund". Institut für Tierzucht und Vererbungsforschung. Stiftung Tierärztliche Hochschule Hannover. Juni 2008

5. Eurasier Freunde Deutschland e.V. „Molekulargenetik macht genomische Selektion gegen Hüftgelenksdysplasie möglich".
URL: http://www.eurasierfreunde-deutschland.de/ratgeber/ratgeber_gesundheit/HD-Hueftgelenksdysplasie.htm [Stand: 07.02.2015]

6. Malinois&Rauhaarteckel "vom Lahberg". „Hüftgelenksdysplasie".
URL: http://www.vom-lahberg.de/hueftgelenksdysplasie.htm [Stand: 08.02.2015]

7. Steinwitz, J. „Dominante und rezessive Vererbung"
URL: http://web1316.jenny.webhoster.ag/Website%20Langzeitstudie/grundlagendergenetik/dominanteundrezessivevererbung/index.html [Stand: 11.02.2015]

8. Fischer. Gusenbauer.: „Änderung des Tierschutzgesetzes" In: *„BUNDESGESETZBLATT. FÜR DIE REPUBLIK ÖSTERREICH"*. Erschienen: 11. Jänner 2008.
URL: http://www.ris.bka.gv.at/Dokumente/BgblAuth/BGBLA_2008_I_35/BGBLA_2008_I_35.html [Stand: 19.02.2015]

9. Dr. Flückiger, M.: „Was ist HD? – Hüftdysplasie (HD) beim Hund".
URL: http://www.grsk.org/informationen-fuer-tierbesitzer-zuechter/was-ist-hd [Stand: 19.02.15]

10. Beuing, R.: „Wissenschaftlicher FCI-Kongress 1997 im Rahmen der Kynologischen Tage am 9. und 10. Oktober 1997 in Basel. Strategien zur Bekämpfung von Erbfehlern in der Hundezucht". Institut für Tierzucht und Haustiergenetik der Justus Liebig Universität Giessen/D

11. Marner, J.: „Zuchtverfahren"
URL: http://www.vom-wolfshof.de/index.php?option=com_content&view=article&id=4&Itemid=4 [Stand: 19.02.2015]

12. www.hundeschule-muenchen.eu, Das informative Internetportal der Hundeschule München Massimo Cordova.:"Wissenswertes rund um den Hund. Welcher Hund passt zu mir?"

URL: http://www.hundeschule-muenchen.eu/wissenswertes-rund-um-hund-und-hundeausbildung/welcher-hund-passt-zu-mir/deutscher-schaeferhund.html [Stand: 19.02.15]

13. Thomas, V.: „TiHo-Forscher finden Gen für Hüftleiden. Forschern der Tierärztlichen Hochschule Hannover (TiHo) ist es gelungen, die Gene und die daran beteiligten Stoffwechselwege für die Entstehung der weit verbreiteten Hüftgelenksdysplasie (HD) bei Hunden zu entschlüsseln" In: *„Hannoversche Allgemeine"* veröffentlicht: 31.05.2014. URL: http://www.haz.de/Nachrichten/Wissen/Uebersicht/TiHo-Forscher-finden-Gen-fuer-Hueftgelenksdysplasie [Stand: 19.02.2015]

14. Böttcher, H.: „Der Retro-Mops" URL: http://www.retro-mops-caras.de/der-retro-mops/ [Stand: 19.02.2015]

15. vetproduction GmbH: „Hüftgelenk-Dysplasie (HD) beim Hund" URL: http://www.tiermedizinportal.de/tierkrankheiten/hundekrankheiten/hueftgelenk-dysplasie-hd-beim-hund/071207 [Stand: 19.02.2015]

16. Dres. Schmerbach & Höpfner, Partnerschaftsgesellschaft von Tierärzten.: „Hüftgelenkdysplasie (HD) beim Hund" URL: http://www.kleintierspezialisten.de/infothek/orthopaedische-chirurgie-orthopaedie/hueftgelenkdysplasie-hd/ [Stand: 19.02.2015]

17. Arbeitsgemeinschaft Border Collie Deutschland e.V.: „Grundlagen angewandter Genetik für die Hundezucht" URL: http://www.abcdev.de/artikel/Grundkurs_Genetik.html [Stand: 20.02.2015]

18. Müller, H./Reinhard, F.: *„Lehrbuch der speziellen Chirugie. Für Tierärzte und Studierende"* 16. Aufl. Stuttgart: Ferdinand Enke Verlag, 1997

19. enpevet GmbH.: „Hund: Hüftgelenksdysplasie" URL: https://www.enpevet.de/Lexicon/ShowArticle.aspx?articleid=41009 [Stand: 20.02.2015]

20. Buchner, T.:"Manualtherapien" URL: http://www.hundekrankengymnastik-praxis.de/Massage-Hund.htm [Stand: 20.02.2015]

21. Moll, U.:"Hunde" URL: http://home.arcor.de/reingirl/hunde.htm [Stand: 20.02.2015]

22. Nolan, E.: „Der Mops neigt zu Hüftdysplasie" URL: http://www.mops-pfote.com/hueftdysplasie-beim-mops/ [Stand: 20.02.2015]

23. Neue Osnabrücker Zeitung GmbH & Co. KG: „Hauptsache hübsch – Reportage über Qualzucht" URL: http://www.noz.de/deutschland-welt/medien/artikel/11841/hauptsache-hubsch-reportage-uber-qualzucht [Stand: 20.02.2015]

24. Böttcher, H.: „Über uns" URL: http://www.retro-mops-caras.de/uber-uns/ [Stand 20.02.2015]